高等职业技术院校机电一体化技术专业任务驱动型教材

气动液压传动技术习题册

中国劳动社会保障出版社

简　介

本习题册是高等职业技术院校机电一体化技术专业任务驱动型教材《气动液压传动技术》的配套用书。本习题册紧扣教学要求，按照教材模块顺序编排，知识点分布均衡，题型丰富多样，难易配置适当，有助于学生复习巩固所学知识。

本习题册由勾明主编，周蓉、宋红英、邢光参加编写；何全林审稿。

图书在版编目(CIP)数据

气动液压传动技术习题册/勾明主编. —北京：中国劳动社会保障出版社，2013
高等职业技术院校机电一体化技术专业任务驱动型教材
ISBN 978-7-5167-0442-4

Ⅰ.①气…　Ⅱ.①勾…　Ⅲ.①气压传动-高等职业教育-习题集②液压传动-高等职业教育-习题集　Ⅳ.①TH138-44②TH137-44

中国版本图书馆 CIP 数据核字(2013)第 132372 号

中国劳动社会保障出版社出版发行
（北京市惠新东街 1 号　邮政编码：100029）
出 版 人：张梦欣
*
北京鑫海金澳胶印有限公司印刷装订　新华书店经销
787 毫米×1092 毫米　16 开本　3 印张　67 千字
2013 年 6 月第 1 版　　2025 年 3 月第 11 次印刷
定价：6.00 元
营销中心电话：400-606-6496
出版社网址：http://www.class.com.cn
　　　　　　http://jg.class.com.cn

目　录

模块一　认识气动系统与液压传动系统

课题一　认识气动系统

一、填空题（将正确答案填写在横线上）

1. 气压传动的工作原理是以________作为工作介质，依靠____________来传递运动和动力。

2. 气动系统一般由____________、____________、____________、____________和____________五部分构成。

3. 气动系统中的主要参数是________和________。

4. 气动系统通过各种控制元件（减压阀、换向阀、流量控制阀）对工作介质进行________、________和________等物理量的控制与调节，以满足工作部件在________、________和____________等方面的要求。

5. 气源装置的作用是将____________转化成__________。

6. 执行元件的作用是将__________转化成__________。

7. 辅助元件的作用是连接各气动元件以____________，对____________做进一步的处理。

8. 常用的辅助元件有____________、__________、__________、____________、__________、__________等。

9. 绝对压力是以____________为起点所测量的压力，相对压力是以____________为起点所测量的压力。

10. 气源系统是由________、________和________压缩空气的设备组成的系统。

二、判断题（正确的在括号内打“√”，错误的在括号内打“×”）

1. 气源无须加装干燥器对压缩空气做进一步的脱水处理。（　　）
2. 真空度是绝对压力减去大气压力的数值。（　　）
3. 气动系统压力的大小取决于负载的大小。（　　）
4. 气缸中活塞的运动速度取决于进入气缸气体的流量。（　　）
5. 气缸的功能是将压力能转化为机械能。（　　）
6. 气体压力单位中的 1 MPa = 10^6 bar。（　　）
7. 气压传动具有承载能力大等优点。（　　）
8. 气压传动与机械传动相比，主要特点之一是动作灵敏。（　　）
9. 气压传动便于实现自动化控制，并且便于实现系列化、标准化和通用化。（　　）

10. 在安装或拆卸气动元件时，要先切断所有工作管路的压缩空气。 ( )

11. 气压系统只适用于控制系统，不适用于传动。 ( )

三、选择题（将正确答案的序号填写在括号内）

1. 下列关于气压传动的叙述，错误的是（ ）。
   A. 气压传动在实际生产中应用广泛
   B. 气压传动质量小、结构紧凑
   C. 气压传动对环境无污染
   D. 气压传动在实际生产中应用范围小
2. 气压传动的工作介质是（ ）。
   A. 普通空气 B. 氧气
   C. 二氧化碳气体 D. 压缩空气
3. 气动系统中压力的大小取决于（ ）。
   A. 负载 B. 流量 C. 流速
4. 真空度是绝对压力与大气压力的（ ）。
   A. 代数和 B. 代数差 C. 代数差的绝对值
5. 在气压系统中，气缸属于（ ）。
   A. 动力部分 B. 执行部分 C. 控制部分 D. 辅助部分
6. 气压系统的控制元件有（ ）。
   A. 电动机 B. 空气压缩机
   C. 气缸 D. 顺序阀
7. 气压系统的组成不包括（ ）。
   A. 气压发生装置 B. 控制元件
   C. 辅助元件 D. 安全保护装置
8. 下列选项中，属于气压传动优点的是（ ）。
   A. 气缸动作速度不受负载影响 B. 适用于工作压力高的场合
   C. 管路不易堵塞 D. 对管理要求高
9. 下列选项中，属于气压传动缺点的是（ ）。
   A. 工作压力较低 B. 动作反应慢
   C. 工作介质会污染环境 D. 对管理要求高
10. 下列选项中，属于气压执行元件的是（ ）。
    A. 空气压缩机 B. 压力阀 C. 气马达 D. 过滤器
11. 下列选项中，属于气压控制元件的是（ ）。
    A. 逻辑阀 B. 干燥器 C. 气缸 D. 油雾器
12. 下列说法正确的是（ ）。
    A. 压缩空气具有润滑性
    B. 一般应在换向阀的排气口处安装消声器
    C. 气动逻辑元件的尺寸和功率较大
    D. 气动回路通常应设排气管路

四、名词解释

1．气动技术

2．绝对湿度

3．相对湿度

4．相对压力

5．真空度

五、简答题

1．工业自动化设备上为什么大量采用气压传动技术？

2．气动系统的工作原理是什么？

3. 气动系统由哪几部分组成？各部分的典型元件是什么？所起的作用是什么？

4. 气动系统有哪些优缺点？

5. 举出五个日常所见的气动实例。

6. 在气动实验台上装调气动回路的操作步骤是什么？

7. 在安装和拆卸气动元件时应注意哪些事项？

8. 气动系统分别适用于哪些工作场合？

课题二　认识液压传动系统

一、填空题（将正确答案填写在横线上）

1. 液压传动的工作原理是以________作为工作介质，依靠____________来传递运动和动力。

2. 液压系统中的压力取决于__________，执行元件的运动速度取决于________。

3. 液压系统一般由__________、__________、__________和__________构成。

4. 液压传动系统中的两个主要参数是__________和__________，它们的乘积表示__________。

5. 由于流体具有________，液流在管道中流动需要损耗一部分能量，它由__________损失和__________损失两部分组成。

二、判断题（正确的在括号内打“√”，错误的在括号内打“×”）

1. 液压系统的输出功率就是液压缸等执行元件的工作功率。（　）

2. 由于液压油在系统中有压力损失和泄漏，所以液压泵的输入功率要大于输送到液压缸的功率。（　）

3. 液压传动系统压力的大小取决于负载的大小。（　）

4. 液压缸活塞的运动速度取决于流入液压缸的流量。（　）

5. 液压缸的功能是将液压能转化为机械能。（　）

6. 液压传动装置本质上是一种能量转换装置。（　）

7. 液压传动具有承载能力大、可实现大范围内无级变速及获得恒定的传动比等优点。（　）

8. 液压传动与机械传动相比，主要特点有传动平稳、动作灵敏、承载力强、传动比准确。（　）

9. 液压传动便于实现自动化控制，并且便于实现系列化、标准化和通用化。（　）

10. 液压系统的效率是由液阻和泄漏来决定的。（　）

11. 液压传动中，作用在活塞上的推力越大，活塞运动的速度越快。（　）

12．油液在无分支管路中稳定流动时，管路截面积大的地方流量大，截面积小的地方流量小。（　　）

13．液压系统只适用于传动，不适用于控制系统。（　　）

14．实际液压传动系统中的压力损失以局部损失为主。（　　）

15．驱动液压泵的电动机所需功率应比液压泵的输出功率大。（　　）

16．液压传动系统的泄漏必然引起压力损失。（　　）

17．液压油的黏度主要受温度变化的影响，温度增高，黏度变小。（　　）

三、选择题（将正确答案的序号填写在括号内）

1．下列关于液压传动的叙述，错误的是（　　）。

A．液压传动在实际生产中应用广泛

B．液压传动质量小、扭矩大、结构紧凑

C．液压传动润滑良好、传动平稳

D．液压传动在实际生产中应用范围小

2．液压传动的特点包括（　　）。

A．可与其他传动方式联用，但不易实现远距离控制

B．可以在较大的速度范围内实现无级变速

C．能迅速转向、变速，传动准确

D．体积小、质量小、零部件自润滑，且维护、保养和排除故障方便

3．在液压系统中，液压泵属于（　　）。

A．动力部分　　B．执行部分　　C．控制部分　　D．辅助部分

4．液压系统的执行元件是（　　）。

A．电动机　　B．液压泵

C．液压缸或液压马达　　D．液压阀

5．当液压缸的截面积一定时，液压缸（或活塞）的运动速度取决于（　　）。

A．流速　　B．流量　　C．功率

6．在一条很长的管道中流动的油液，其压力（　　）。

A．前大后小　　B．各处相等　　C．前小后大

7．（　　）的容积效率最低。

A．齿轮泵　　B．叶片泵　　C．柱塞泵

8．活塞（或液压缸）的有效作用面积一定时，活塞（或液压缸）的运动速度取决于（　　）。

A．液压缸中油液的压力　　B．负载阻力的大小

C．进入液压缸的油液流量　　D．液压泵的输出流量

9．在静止油液中，下列叙述正确的是（　　）。

A．任意一点所受到的各个方向的压力不相等

B．油液的压力方向不一定垂直指向承压表面

C．油液的内部压力不能传递动力

D．当一处受到压力作用时，通过油液可将此压力传递到各点，且其值不变

10. 油液在截面积相同的直管路中流动时，油液分子之间、油液与管壁之间摩擦所引起的损失是（　　）。

A. 沿程损失　B. 局部损失　C. 容积损失　D. 流量损失

11.（　　）将油液的压力能转换为对外做功的机械能，完成对外做功。

A. 动力元件　B. 执行元件　C. 控制元件　D. 辅助元件

12.（　　）向液压系统提供压力油，将电动机输出的机械能转换为油液的压力能。

A. 动力元件　B. 执行元件　C. 控制元件　D. 辅助元件

13. 液压油的（　　）是选用的主要依据。

A. 黏度　B. 润滑性　C. 黏温特性　D. 化学稳定性

14. 液压系统的组成不包括（　　）。

A. 动力装置　B. 执行装置

C. 安全保护装置　D. 辅助装置

15. 下列选项中，属于液压传动优点的是（　　）。

A. 调速范围小　B. 可实现无级调速

C. 保证严格的传动比　D. 对管理要求高

16. 下列选项中，属于液压传动缺点的是（　　）。

A. 运动平稳　B. 可实现无级调速

C. 调速效率高　D. 对管理要求高

17. 下列选项中，属于液压执行装置的是（　　）。

A. 液压泵　B. 压力阀　C. 液压马达　D. 蓄能器

18. 液压油应具有的特性包括（　　）。

A. 黏温特性好　B. 比热容低　C. 凝固点高　D. 闪点低

四、名词解释

1. 液压传动

2. 流量

3. 液体黏性

五、简答题

1．液压传动与气压传动相比，有哪些优缺点？

2．液压传动系统由哪几部分组成？各部分的主要元件及功用是什么？

3．液压油的主要物理性质有哪些？液压油的种类有哪些？

4．简述液压传动系统对其工作介质——液压油的主要要求。

5．简述在液压实验台上装调液压回路的操作步骤。

6．使用液压实验台进行液压回路的连接与调试时应注意哪些事项？

7．液压传动系统适用于哪些工作场合？

模块二 气动技术

课题一 气动元件的选用

一、填空题（将正确答案填写在横线上）

1. 气动三大件是气动元件及气动系统使用压缩空气的最后保证，三大件是指________________、__________、__________。
2. 气缸用于实现________________或____________。
3. 马达用于实现连续的____________。
4. 压缩空气在进入气缸前要经过______________、__________及________等气动辅助元件。

二、判断题（正确的在括号内打“√”，错误的在括号内打“×”）

1. 压缩空气能驱动气缸的活塞产生双方向的运动，称为单作用气缸。（ ）
2. 双作用气缸是指活塞两个方向的运动均由压缩空气来驱动。（ ）
3. 选择消声器时完全依据接口的尺寸，所要求的噪声大小等因素可以忽略不计。（ ）
4. 塑料型消声器适用于微型阀和先导阀的排气消声，吸声材料为烧结金属体，连接体材料为磷青铜。（ ）
5. 气动系统对压缩空气的要求是具有一定的压力和足够的流量。（ ）
6. 选择消声器时主要依据接口的尺寸、所要求的噪声大小、最大使用压力及环境和介质的温度等参数进行选择。（ ）
7. 对气缸活塞杆强度要求较高，一般活塞杆的直径按 $d=(0.2\sim0.3)D$ 进行计算。（ ）
8. 气缸的有效行程表示气缸的作用范围。（ ）
9. 分水过滤器在气动系统中所起的作用是分离压缩空气中液态的水分、油分及过滤固体杂质。（ ）
10. 分水过滤器的主要性能指标只有流量特性和分水效率两项。（ ）
11. 气动系统都要用到气动三大件。（ ）
12. 气压传动能使气缸实现准确的速度控制和很高的定位精度。（ ）
13. 一般应在换向阀的排气口处安装消声器。（ ）
14. 常用外控溢流阀保持供气压力基本恒定。（ ）
15. 在气压传动中，用流量控制阀来调节气缸的运动速度，其稳定性好。（ ）
16. 气马达是利用气体压力能实现连续曲线运动的气动元件。（ ）

三、选择题（将正确答案的序号填写在括号内）

1. 高温让人感觉干燥是因为空气的（　　）小。

A. 绝对湿度　　B. 饱和绝对湿度

C. 相对湿度　　D. 含湿量

2. 气动系统中常用的压力控制阀是（　　）。

A. 减压阀　　B. 溢流阀　　C. 顺序阀

3. 冲击气缸工作时最好没有（　　）。

A. 复位段　　B. 冲击段　　C. 储能段　　D. 耗能段

4. 为保证压缩空气的质量，气缸和气马达前必须安装（　　）；气动仪表或气动逻辑元件前应安装（　　）。

A. 分水过滤器—减压阀—油雾器

B. 分水过滤器—油雾器—减压阀

C. 减压阀—分水过滤器—油雾器

D. 分水过滤器—减压阀

四、简答题

1. 简述气动执行元件的分类，并说出它们工作的特点。

2. 简述单作用气缸的结构及其工作原理。

3. 简述双作用气缸的结构及其工作原理。

4. 简述缓冲气缸的工作原理。

5. 分水过滤器的工作原理是什么？其主要性能指标有哪些？

6. 气动方向控制阀与液压方向控制阀有什么相同和相异处？

7. 简述冲击气缸的工作过程及其原理。

8. 使用气动马达和气缸时应注意哪些事项？

9．消声器在安装、使用过程中应注意的问题是什么？

10．简述分水过滤器和消声器的作用。

五、计算题

某气缸采用在排气气缸后设置气动节流阀的方式来控制排气量，从而调节气缸活塞的运动速度。已知节流阀前绝对压力为0.3 MPa，节流阀后通大气，气体温度为20℃，气缸排气腔内径为50 mm。若活塞移动速度为100 mm/s，试求节流阀的有效截面积S值。

课题二　气动控制回路的设计与装调

一、填空题（将正确答案填写在横线上）

1. 节流阀是靠改变阀的__________来调节流量的。节流阀的阀芯分为三种典型结构，分别是________、________和________。

2. 单向节流阀是由________和________并联而成的流量控制阀，常用于控制气缸的__________，故也常称为速度控制阀。

3. 气动执行元件的速度既可以通过__________来调节，也可以通过__________来调节，分别称为__________、__________和__________三种形式。

4. 控制和调节压缩空气压力的元件称为__________元件。压力控制元件包括________、________和________。

5. 溢流阀（安全阀）的作用是当____________________时，把多余的压缩空气排入大气，以保持__________的调定值。

6. 减压阀的作用是降低压缩空气的_______，以适应每台气动设备的需要，并使气体压力__________，即减压和稳压。

7. 速度控制回路的功用是____________________。

8. 排气节流阀一般应装在________的排气口处。

9. 快速排气阀一般应装在________和_______之间。

10. 气动逻辑元件按逻辑功能分为______、______、______和_______等元件。

二、判断题（正确的在括号内打"√"，错误的在括号内打"×"）

1. 出口节流调节可以承受负值负载。（　）

2. 延时阀时间的调整通过手表进行计时，达到 5 s 动作时停止调节，用锁母锁紧。（　）

3. 流量控制元件在工业应用中只可控制气缸运动的快慢，不可以控制气流信号延迟的时间、缓冲气缸缓冲能力的强弱等。（　）

4. 节流阀是靠改变阀的流通面积来调节流量的。阀芯开度与通过的流量成反比。（　）

5. 消声器的排气节流阀通常将接口安装在换向阀的排气口上，控制排入大气的流量，以改变气缸的运动速度。（　）

6. 节流阀根据气动装置或气动执行元件的进气口、出气口的通径来选择。（　）

7. 控制气动执行元件的速度有进气节流和出气节流两种方式，但多采用前者。（　）

8. 加在气动执行元件上的载荷必须稳定。若载荷在行程中途有变化或变化不定，其速度控制相当困难，甚至不可能。（　）

9. 采用进气节流方法可以很好地控制执行元件的速度。（　）

10. 采用出气节流是气动系统优选的调速方法。（　）

11. 排气节流是控制气动执行元件运行过程中从换向阀排气口排出的气体流量，此种方式只适用于各种连接管路的情况。（　）

12. 压力控制元件是控制和调节压缩空气压力的元件。（　）

13. 在气动系统中，溢流阀和安全阀在结构和功能等各方面是完全相同的。（　）

14. 直动式溢流阀一般适用于管路通径较大的系统，先导式溢流阀一般适用于管路通径较小或需要远距离控制的系统。（　）

15. 溢流阀使用原则包括根据系统的最高使用压力和排放流量来选择溢流阀（安全阀）的形式、规格。（　）

16. 减压阀的作用是降低压缩空气的压力，以适应每台气动设备的需要，并使气体压力保持稳定，即减压和稳压。（　）

17. 先导式减压阀的工作原理是：当减压阀应用在大流量或高压系统中时，减压阀的接管口径很大或输出压力较小。（　）

18. 顺序阀是依靠回路中压力的变化来控制其他元件顺序动作的一种压力控制阀。（　）

19. 气动回路一般不设排气管道。（　）

三、简答题

1. 方向控制阀划分为哪几类？

2. 画出换向阀的职能符号，并说出换向阀的驱动方式。

3. 三位换向阀和二位换向阀在控制执行元件时的区别是什么？

4．单向阀的工作原理是什么？

5．如果采用气控换向阀、电磁换向阀控制冲头气缸，其优点是什么？

6．使用气控单向阀锁紧执行元件时，需选择的换向阀应具有什么形式的中位机能？

7．为什么在气动控制回路中很少使用二位二通换向阀？

8．试写出下图中各换向阀的名称。

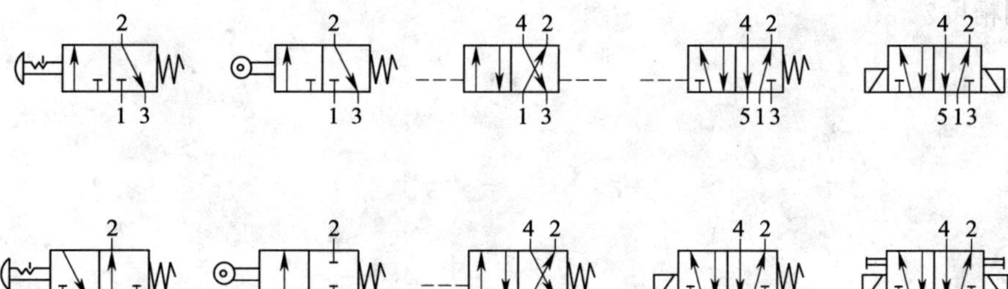

9．简述气动溢流阀和气动安全阀的异同。

10．溢流阀的使用原则是什么？

11．为什么气动系统中不用调速阀精确调节气缸的运动速度？

12．为什么用气动流量控制阀控制气动执行元件的运动速度精度不高？如何提高气缸速度的控制精度？

13．气动减压阀与液压减压阀有什么相同和相异处？

14．下图所示供气系统有什么错误？应怎样正确布置？

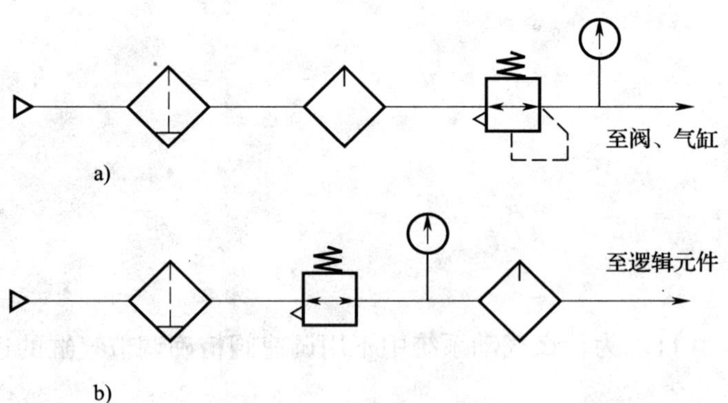

15. 有人设计一双手控制气缸往复运动回路如下图所示。此回路能否工作？为什么？如不能工作，需要更换哪个阀？

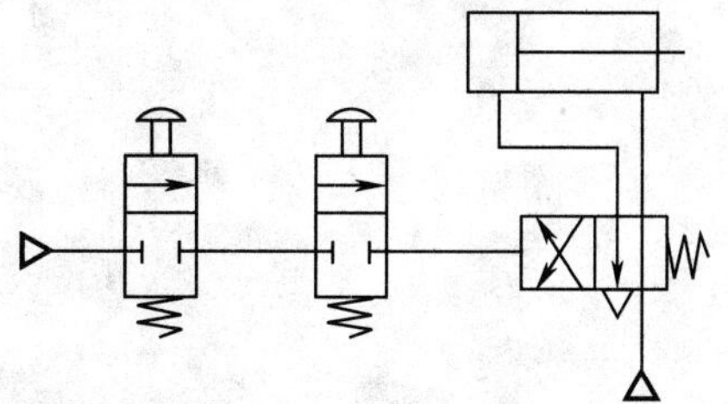

16. 试分析下图所示气动回路的工作过程，并指出各元件的名称。

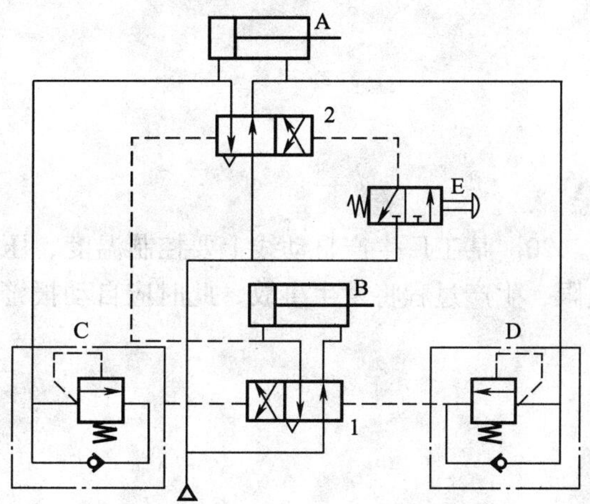

17. 利用两个双作用气缸、一个气动顺序阀、一个二位四通单电控换向阀组成顺序动作回路。

18. 设计一个双作用气缸动作之后单作用气缸才能动作的联锁回路。

19. 利用双杆作用气缸，设计一个既能使气缸在任意位置停止，又能使气缸处于浮动状态的气动回路，并说明其工作原理。

20. 某工厂生产自动线上要控制温度、压力、浓度三个参数，任意一个或一个以上达到上限，生产过程将发生事故，此时应自动报警。设计此气控回路，并画出逻辑原理图。

21. 设计一个气动逻辑回路控制一个单作用气缸，要求被控单作用气缸实现如下逻辑功能：$s = ab + ab$，其中 a、b 为两个输入信号。

课题三　双缸控制回路的设计与装调

一、填空题（将正确答案填写在横线上）

1. 气动回路图应按国际标准________________的要求绘制。

2. 气动元件在系统回路图中一律用____________表示，图面的布置原则上应按次序____________和____________。

3. 元件代号应用字母清楚地标注每个元件。压缩机用______表示，原动机用______表示，阀用______表示，执行元件用______表示，传感器、行程开关等用______表示，其他元件用______或除以上所示字母以外的其他字母表示。

4. 位移—步进图的作用是用________将一个或多个____________和____________的功能顺序动作在两个坐标轴上表示出来。

5. 位移—步进图的画法之一是执行元件的运动用____________来表示，静止状态用____________来表示；当控制元件的状态发生变化时，用__________来表示。

6. 消除障碍信号的方法有：使用__________消除障碍信号，使用__________________消除障碍信号，使用__________消除障碍信号。

7. 消除障碍信号的气动控制回路有：利用______________________的气动控制回路，利用________________________________的气动控制回路，利用______________________的气动控制回路。

8. 在位移—步进图画法中，当执行元件处于缩回的状态时，用数字______来表示，伸出状态用数字______来表示；换向阀换向时用______来表示，复位时用______来表示。当阀为三位阀时，画出三种状态，并且中位用______来表示。

二、判断题（正确的在括号内打“√”，错误的在括号内打“×”）

1. 在控制系统中使用换向阀消除障碍信号的解决方案需要较高的元件费用。（　　）

2. 执行元件的运动用一条横线来表示，静止状态用一条斜线来表示；当控制元件的状态发生变化时，用垂直线来表示。（　　）

3. 执行元件与主控元件和信号元件之间的关系用粗信号线来表示，箭头代表作用方向。（　　）

4. 手动操纵的信号元件用一个圆圈符号来表示，机械操纵的信号元件用一个黑点来表示，与压力有关或与时间有关的信号元件用一个特殊的方框来表示。（　　）

5. 可通过式滚轮行程开关安装在终点附近的位置上，信号输出不能在终点位置发出，会出现顺序动作偏差。（　　）

6. 换向阀换向只需要很小的信号功率，所以结构尺寸大。（　　）

7. 使用延时阀（延时断开）消除障碍信号，只能在行程开关压下时信号被切断。如果行程开关松开或被重新压下，通过延时阀会给出第二个脉冲信号。（　　）

8. 位移—步进图的画法之一是在一个坐标轴上（横坐标）描述位移，在另外一个坐标

轴上（纵坐标）描述步骤。 (　　)

9. 在气动回路的回路图中，执行元件应位于上部，按数量从左到右排列。 (　　)

10. 气动元件在系统回路图中一律用职能符号表示，图面的布置原则上应按次序从下到上和从左到右。 (　　)

三、简答题

1. 什么是位移—步进图？位移—步进图的作用是什么？

2. 简述位移—步进图的画法。

3. 什么是障碍信号？

4. 使用可通过式滚轮行程开关消除障碍信号的缺点是什么？

5. 试画出气缸 A 出—气缸 B 出—A 延时 5 s 后回—B 返回的位移—步进图，并设计控制回路。

6. 借助图示装置可以将两块金属板彼此铆接在一起。将铆钉放入两块金属板的孔中，然后用手将两块金属板放入铆接装置中。按动手动按钮后，气缸 1（A1）的活塞杆将金属板夹住。然后，气缸 2（A2）的活塞杆伸出并将两块金属板铆接在一起。出于安全考虑，在铆接气缸 A2 完全退回到后端终点位置之前，A1 必须仍然夹紧。只有当两个气缸确实回到后端终点位置时，新的运动过程才能开始。试：

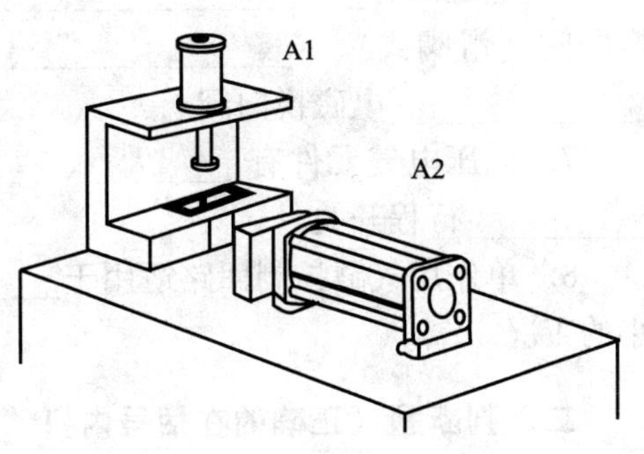

（1）画出位移—步进图。

（2）分别利用可通过式行程开关和气控换向阀设计两个气动回路的消除故障方案。

课题四　电气气动控制系统装调

一、填空题（将正确答案填写在横线上）

1. 直动式二位三通换向阀用于控制小通径的______和______。

2. 先导式二位三通电磁换向阀（滑阀式）与座阀式不同，滑阀式换向阀通常用于大于______通径的情况下。

3. 像采用气控和机械式控制的先导式换向阀一样，电气气动先导控制采用的是______。其优点是，使用______的电磁力就可以操纵______的阀。

4. 为了使带弹簧复位的______保持在它的工作位置上，需要加一个持续的______。

5. 如果要控制一个双作用缸动作，则需要一个______。在电气气动控制系统中，作为用于______的主控阀，首选使用______换向阀。

6. 电磁阀有______电磁换向阀（座阀式）、______电磁换向阀（滑阀式）、______电磁换向阀、______电磁换向阀、______电磁换向阀。

7. 低压电气元件有______、______和接触器、______和传感器、______行程开关。

8. 单作用气缸控制回路适用于______、______不严格、______要求较小的工况。

二、判断题（正确的在括号内打“√”，错误的在括号内打“×”）

1. 直动式二位三通换向阀用于控制大通径的单作用气缸和单方向旋转的气马达。（　）

2. 当电气气动设备发生故障时，例如设备断电，这时有些电磁阀不能正常工作。（　）

3. 手动应急操纵装置可以用于阀不能进行电控操纵而又需要使阀进行换向的场合。（　）

4. 直动式电磁阀只用于小结构尺寸的阀中。（　）

5. 直动式二位三通换向阀用于控制小通径的双作用气缸和单方向旋转的气马达。（　）

6. 两个气缸的活塞杆伸出速度可以用单向节流阀进行无级调节。（　）

7. 在电气气动控制系统中，作为用于控制执行元件（双作用气缸、气马达）的主控阀，首选使用二位五通换向阀。（　）

8. 所有电气气动控制系统中都需要通过主控元件（阀）的换向将控制信号储存起来。（　）

9. 压力开关分为开关压力不可调式和开关压力可调式，分别用于低压、真空或者压力至 25 bar。（　）

10. 所有的气缸开关都不能直接控制电磁线圈，必须借助于继电器触点进行控制。（　）

三、简答题

1. 直动式电磁换向阀与先导式电磁换向阀分别适合哪种工况？

2. 单电控二位五通电磁换向阀与双电控二位五通电磁换向阀分别适合哪种工况？

3. 当气缸运动发生故障时，如何快速判断是电气回路问题还是气动回路问题？

4. 什么工况下使用传感器作为传递信号的元件？

5．什么工况下使用压力继电器作为传递信号的元件？

6．双作用气缸控制回路的特点是什么？

7．画图说明如何使用二位五通单电控电磁换向阀、传感器控制双作用气缸实现单循环？

8. 某一电气气动回路如下图所示，试分析两个气缸的动作顺序。

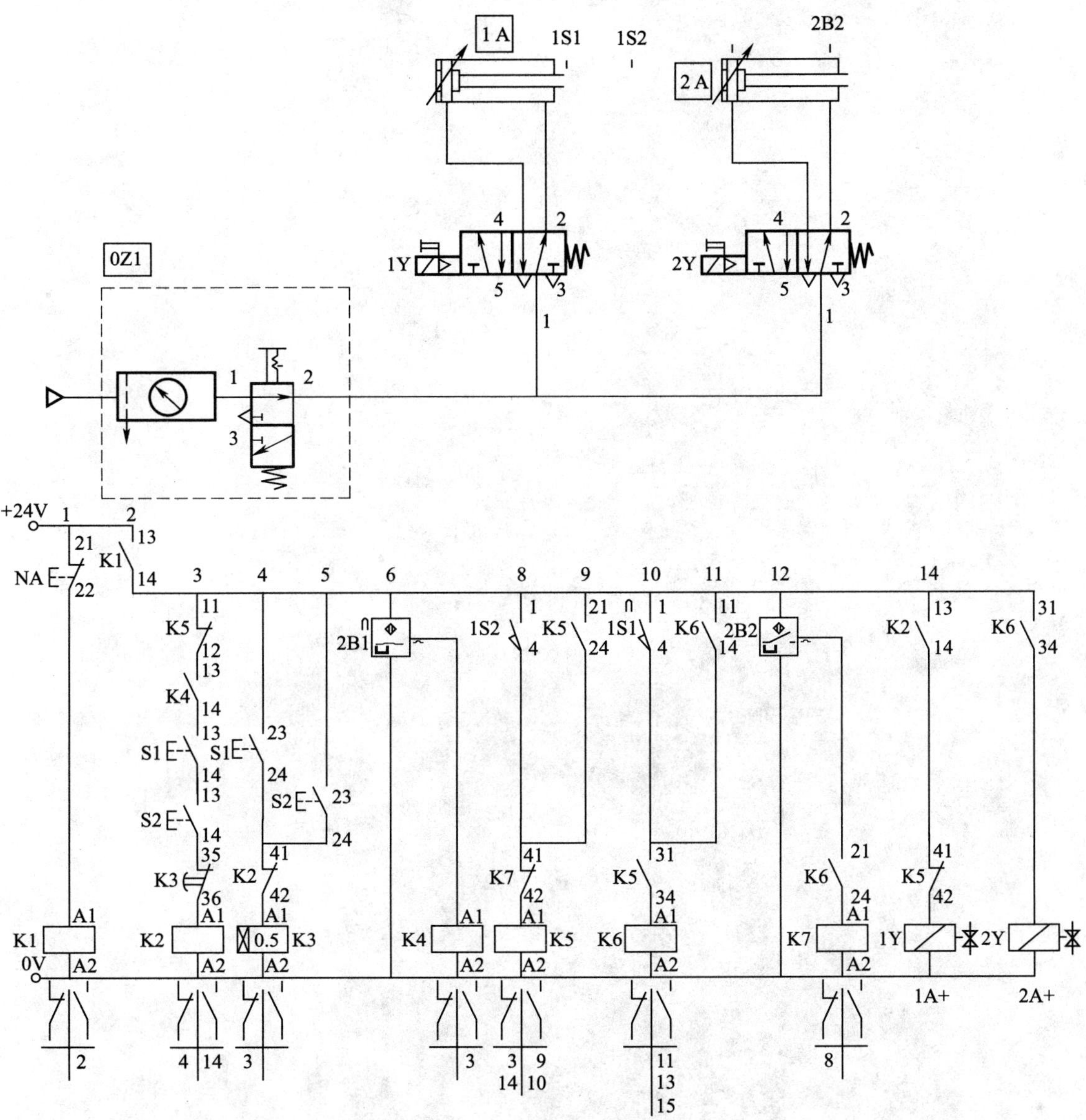

模块三　液压传动技术

课题一　液压控制回路装调

一、填空题（将正确答案填写在横线上）

1．普通单向阀又称________或________。

2．普通单向阀的开启压力一般为________MPa，所以单向阀中的弹簧很软。

3．液控单向阀是允许液流朝一个方向流动，反向开启则必须通过________控制来实现的单向阀。

4．方向控制回路是通过控制执行元件的________、________或________运动方向来实现控制进入执行元件的液流的________、________或________的。

5．溢流阀为________压力控制，阀口常________；定值减压阀为________压力控制，阀口常________。

6．使液压泵输出的油液以很低的压力流回油箱的油路称为________。

7．顺序阀是把________作为控制信号，________接通或切断某一油路，控制执行元件做顺序动作的压力控制阀。

8．常用的压力阀有________、________和________等。

9．溢流阀按结构和工作原理分为直动式溢流阀和先导式溢流阀两种。________用于低压系统，________用于中、高压系统。

10．减压阀是一种利用油液流过缝隙产生压力损失，使其出口压力________进口压力的压力控制阀。

11．减压阀按调节压力方式不同，分为________和________两种。

12．压力控制回路包括________、________、________、________等回路。

13．压力继电器是一种将油液的压力信号转换为________的电液控制元件。

14．调速阀能在负载变化时使通过它的________不变。

15．调速阀适用于执行元件________而________的系统中。

16．容积调速回路分为________和________两种。

17．串联减压式调速阀是由________和________组合而成。

18．在采用定量泵的液压系统中，利用________或________改变进入或流出液动机的流量以实现速度调节的方法称为节流调速。

19．节流调速回路按节流调速的位置不同，可分为________节流调速回路、________节流调速回路和________节流调速回路。

二、判断题（正确的在括号内打“√”，错误的在括号内打“×”）

1．电液换向阀是由电磁阀和可调式液动阀组合而成。（　）

2．直动式溢流阀一般用于低压、小流量系统。（　）

3．溢流阀能保证出油口的压力为弹簧的调定压力。（　）

4．溢流阀安装在泵的出口处起过载保护作用时，其阀芯是常开的。（　）

5．调速阀是由节流阀和减压阀组合而成，其速度稳定性较好。（　）

6．节流阀能使输出的流量不随外负载而变。（　）

7．减压阀的出口压力低于进口压力，并保持出口压力稳定。（　）

8．调压回路所采用的主要元件是溢流阀。（　）

9．减压回路所采用的主要元件是减压阀。（　）

10．采用换向阀中位使泵卸荷，适用于低压、小流量系统。（　）

11．节流调速回路所采用的主要元件是变量泵加流量控制阀。（　）

12．磨床工作台运动平稳性要求较高，所以常用电磁阀控制工作台的换向。（　）

13．液控单向阀组成的锁紧回路比 O 型或 M 型换向阀的锁紧效果好。（　）

14．方向控制回路包括换向回路和卸载回路。（　）

15．方向控制回路中所采用的液压控制阀有单向阀和顺序阀。（　）

16．在速度控制回路中，节流调速回路又分为进油节流调速、回油节流调速和旁油节流调速三种。（　）

17．单向阀的作用是变换液流流动方向，接通或关闭油路。（　）

18．调节溢流阀中的弹簧压力，即可调节系统压力的大小。（　）

19．先导式溢流阀只适用于低压系统。（　）

20．若把溢流阀当作安全阀使用，系统正常工作时，该阀处于常闭状态。（　）

21．所有的方向阀都可构成换向回路。（　）

22．容积调速回路是利用液压缸的容积变化来调节速度大小的。（　）

23．压力控制顺序动作回路的可靠性比行程控制顺序动作回路的可靠性差。（　）

24．速度换接回路用于单缸自动循环控制，顺序动作回路用于多缸自动循环控制。（　）

25．增压回路的增压比取决于大、小缸的直径比。（　）

26．进油节流调速回路低速低载时系统的效率高。（　）

27．闭锁回路属于换向回路，可以采用滑阀机能为 O 型或 M 型的换向阀实现。（　）

28．滑阀为间隙密封，锥阀为线密封，后者不仅密封性能好，而且开启时无死区。（　）

29．节流阀和调速阀都是用于调节流量及稳定流量的流量控制阀。（　）

30．单向阀可以用作背压阀。（　）

31．因电磁吸力有限，对于液动力较大的大流量换向阀来说，应选用液动换向阀或电液换向阀。（　）

32．采用调速阀的定量泵节流调速回路，无论负载如何变化，始终能保证执行元件运动速度稳定。（　）

33. 因液控单向阀关闭时密封性能好，故常用在保压回路和锁紧回路中。 （ ）

三、选择题（将正确答案的序号填写在括号内）

1. 调速阀是通过调节（ ）来控制执行机构的运动速度的。
   A. 油泵流量 B. 执行机构排油量
   C. 执行机构供油压力 D. 油马达进油量
2. 当液动换向阀右端阻尼器节流口关小时，阀芯的移动速度（ ）。
   A. 向右减慢，向左不变 B. 与 A 相反
   C. 向左、向右都减慢 D. 向左、向右都不变
3. 旁通型调速阀保持流量稳定主要是靠自动改变（ ）的开度。
   A. 定差溢流阀 B. 定差减压阀
   C. 普通减压阀 D. 定值溢流阀
4. 对开度既定的节流阀的流量影响最大的是（ ）。
   A. 节流口吸附层厚度 B. 阀前、阀后油压差
   C. 油黏度 D. 油黏度指数
5. 在液压系统中，属于压力控制阀的是（ ）。
   A. 节流阀 B. 顺序阀
   C. 单向阀 D. 调速阀
6. 低压系统作安全阀的溢流阀，一般选择（ ）结构。
   A. 差动式 B. 先导式
   C. 直动式 D. 锥阀式
7. 下列液压阀中，不属于方向控制阀的是（ ）。
   A. 调速阀 B. 二位三通卸压阀
   C. 液控单向阀 D. 电液换向阀
8. 下列液压阀中，属于压力控制阀的是（ ）。
   A. 调速阀 B. 二位三通卸压阀
   C. 顺序阀 D. 行程阀
9. 下列关于溢流阀的说法，正确的是（ ）。
   A. 直动式不适用于高压、大流量系统中
   B. 先导式不适用于高压系统中
   C. 直动式的灵敏度不如先导式
   D. 直动式的调压弹簧较软，压力调整轻便
10. 不影响节流阀流量稳定的因素有（ ）。
    A. 节流口的形状 B. 节流口的通流面积
    C. 节流口的进出压差 D. 节流口的进口压力
11. H 型三位四通换向阀的中位特点是（ ）。
    A. P、T、A、B 相通 B. A、B 相通，P、T 封闭
    C. P、T 相通，A、B 封闭 D. P、T、A、B 封闭
12. M 型三位四通换向阀的中位机能是（ ）。

A．工作油口锁闭　　B．工作油口卸荷
C．所有油口都锁闭　　D．所有油口都卸荷

13．Y 型三位四通换向阀的中位机能是（　　）。
A．工作油口锁闭　　B．工作油口卸荷
C．所有油口都锁闭　　D．所有油口都卸荷

14．O 型三位四通换向阀的中位机能是（　　）。
A．工作油口锁闭　　B．工作油口卸荷
C．所有油口都锁闭　　D．所有油口都卸荷

15．P 型三位四通滑阀在中位时，（　　）。
A．P、A、B 相通　　B．P、T、B 相通
C．P、A、T 相通　　D．P、A 不通，B、T 相通

四、名词解释

1．差动连接

2．往返速比

3．滑阀的中位机能

4．节流调速回路

5．容积调速回路

五、简答题

1．液压系统的控制阀根据用途分为哪三大类？

2．换向阀按操纵方式可分为哪几种？

3．简述溢流阀的用途。

4．顺序阀与溢流阀有什么异同？

5．调速阀与节流阀有什么异同？

6．什么是换向阀的“位”与“通”？各油口处于阀体什么位置？

7. 选择三位换向阀的中位机能时应考虑哪些问题？

8. 电液换向阀有什么特点？如何调节它的换向时间？

9. 溢流阀在液压系统中有什么功用？

10. 什么是溢流阀的开启压力和调整压力？

11. 使用顺序阀应注意哪些问题？

12. 试比较先导型溢流阀和先导型减压阀的异同点。

六、计算题

1. 某液压泵输出油压力为10 MPa，转速为1 450 r/min，排量为100 mL/r，泵的容积效率为0.95，总效率为0.9，求泵的输出功率和电动机的驱动功率。

2. 已知单活塞杆液压缸内径 $D=80$ mm，活塞杆直径 $d=50$ mm，切削负载 $F=10\ 000$ N，摩擦总阻力 $F_f=2\ 500$ N，设无杆腔进油为工进，有杆腔进油为快退，试计算工进和快退时油液的压力分别为多少。

3. 在题图中，若溢流阀的调整压力为5 MPa，减压阀的调整压力为1.5 MPa，试分析活塞在运动时和碰到止位钉后管路中 A、B 处的压力值（主油路 A 截止、运动时，液压缸负载为零）。

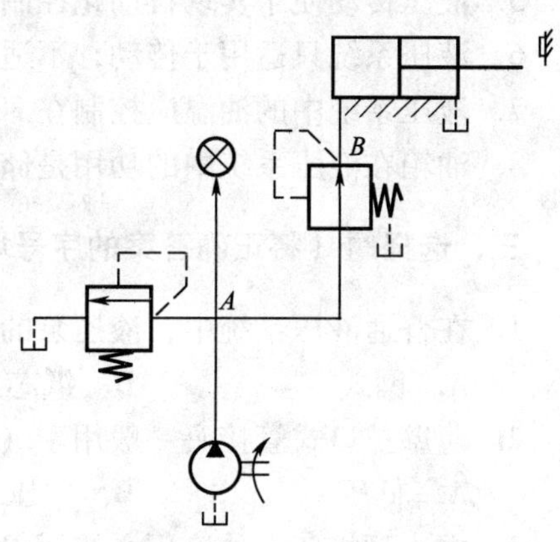

课题二　典型液压系统的维护与故障诊断

一、填空题（将正确答案填写在横线上）

1．正确地使用和维护液压系统是保证系统__________，并延长其__________，保证__________________的重要因素。

2．空气进入液压系统后会使油液系统产生________，工作元件产生________现象。

3．液压油污染是指液压油中从外界混入________、________和____________等。

4．液压系统中大部分的故障是由于受___________所致。

5．对液压系统进行日常检查时，应对液压泵____________、________和________等三种情况进行检查。

6．液压系统常见故障的诊断方法有__________________、______________________和_____________等。

7．液压系统常见的故障有____________大、________不正常、________不正常、___________大、_______过高和________________等。

8．发现故障后的工作流程是了解液压设备的__________，询问液压设备的__________，核实________，制定____________和____________等。

二、判断题（正确的在括号内打“√”，错误的在括号内打“×”）

1．调试液压系统时，一定要带上负载才能进行调试。（　　）

2．液压系统清洗时，可以煤油、酒精作为清洗介质。（　　）

3．空气侵入液压系统，会造成系统爬行和噪声过大。（　　）

4．液压传动与机械传动相比，主要特点有传动平稳、动作灵敏、承载力强、传动比准确。（　　）

5．液压传动便于实现自动化控制，并且便于实现系列化、标准化和通用化。（　　）

6．液压系统只适用于传动，不适用于控制系统。（　　）

7．液压系统中的油温应控制在 30 ~ 60℃之间。（　　）

8．油箱在液压系统中的功用是储存液压系统所需的足够油液。（　　）

三、选择题（将正确答案的序号填写在括号内）

1．在普通液压系统中，液压泵的进油口一般采用（　　）滤油器。

A．网式　　B．纸芯式　　C．磁性式

2．薄壁扩口式管接头一般用于（　　）。

A．低压　　B．中压　　C．高压

3．中小型机床上的液压系统用得比较多的油管是（　　）。

A．尼龙管　　B．纯铜管　　C．橡胶管

4．在精密机床的液压系统中，常采用（　　）滤油器。

A. 网式　　　　B. 纸芯式　　　　C. 磁性式

5. 下列关于液压系统的油箱的说法，错误的是（　　）。
   A. 回油管出油方向应朝向泵的进油管，泄油管出口可放在液面之上
   B. 吸油管常与回油管、泄油管置于隔板两侧
   C. 通气孔应设空气滤网及孔罩
6. 液压系统的油箱内隔板（　　）。
   A. 应高出油面　　　　B. 约为油面高度的 1/2
   C. 约为油面高度的 3/4　　　　D. 可以不设
7. 液压系统油箱内设隔板是为了（　　）。
   A. 增强刚度　　　　B. 减轻油面晃动
   C. 防止油漏光　　　　D. 利于散热和分离杂质
8. 液压系统中的油液工作温度不得大于（　　）℃。
   A. 35　　　　B. 65　　　　C. 70　　　　D. 15
9. 液压系统中的冷却器一般安装在（　　）。
   A. 油泵出口管路上　　　　B. 回油管路上
   C. 补油管路上　　　　D. 无特殊要求
10. 下列关于液压系统中蓄能器用途的叙述，错误的是（　）。
   A. 短时间内大量供油，维持系统油压
   B. 可使油泵流量增加
   C. 吸收系统液压冲击
11. 蓄能器与液压管路之间应设（　　）。
   A. 节流阀　　　　B. 减压阀　　　　C. 截止阀　　　　D. 单向阀
12. 属于一次性滤油器的是（　　）。
   A. 金属纤维型　　　　B. 金属网式　　　　C. 线隙式　　　　D. 纸质
13. 常用作粗过滤的滤油器是（　　）。
   A. 金属网式　　　　B. 纸质　　　　C. 线隙式　　　　D. 烧结式
14. 滤油器的过滤精度常用（　　）作为尺寸单位。
   A. μm　　　　B. mm　　　　C. nm　　　　D. mm^2
15. 对液压系统进行定期检查的一个检查周期通常为（　　）。
   A. 一个月　　　　B. 两个月　　　　C. 三个月　　　　D. 半年

四、简答题

1. 防止油液污染的主要方法有哪些？

2. 防止空气进入液压系统的方法有哪些？

3. 防止液压系统油温过高的方法有哪些？

4. 液压缸为什么要密封？哪些部位需要密封？

5. 液压系统中常见的密封方法有哪几种？

6. 液压系统产生噪声、振动大的主要原因有哪些？

7. 液压系统出现压力不正常的主要原因有哪些？

8. 什么是液压爬行？液压缸工作时为什么会出现爬行现象？如何解决？

9. 液压系统出现系统动作不正常的主要原因有哪些？

10. 液压系统出现油温过高的主要原因有哪些？

课题三　液压系统的设计

一、填空题（将正确答案填写在横线上）

1. 液压系统设计的步骤是明确系统__________，分析系统________，确定_________，拟定____________，选择__________，进行液压系统__________。

2. 分析系统工况就是要查明每个执行元件在各自工作过程中的_________和________的变化规律。

3. 确定系统主要参数就是要确定液压执行元件的__________和__________。

4. 液压系统执行元件工况图显示液压系统在实现整个工作循环时，实际工作________、

________和________三个参数的变化情况。

5．拟定液压系统图应包含三项内容：确定____________、选择____________和拼搭____________。

6．液压系统中，压力损失分为____________损失和____________损失两大类。

7．液体流动状态有________和________两种，用__________来区分其流动状态。

8．液压系统工作时，泵和执行元件的____________、溢流阀的____________、流量阀的____________等构成了液压系统总的____________，并转变为热能，使油温升高。

二、简答题

1．液压系统的设计要求是什么？

2．液压系统中的热能主要是由哪些因素转变来的？

三、设计回路

1．绘出双泵供油回路，液压缸快进时双泵供油，工进时小泵供油、大泵卸载。标明回路中各元件的名称。

2．试用一个先导型溢流阀、两个远程调压阀组成一个三级调压且能卸载的多级调压回路，绘出回路图并简述其工作原理。（换向阀任选）

3．试用四个插装式换向阀单元组成一个三位四通且中位为 O 型、H 型机能的换向回路，绘出回路图并简述其工作原理。

4．试用插装式压力阀单元和远程调压阀、电磁阀组成一个调压且卸载的调压回路，绘出回路图并简述其工作原理。

5．试用两个单向顺序阀实现“缸 1 前进—缸 2 前进—缸 1 退回—缸 2 退回”的顺序动作回路，绘出回路图并说明两个单向顺序阀的压力如何调节。

6．试用压力继电器实现“缸 1 前进—缸 2 前进—缸 2 退回—缸 1 退回”的顺序动作回路，绘出回路图并简述其工作原理。

7．试用液控单向阀实现立式液压缸的保压回路，绘出回路图并简述其保压原理。

8．绘出汽车起重机液压支腿的锁紧回路，并说明该回路对换向阀中位机能的要求。

9．设计一台加工垂直孔（有数个圆柱孔和圆锥孔）和水平孔（不通孔）的专用组合机床，主机的工况要求如下：

（1）工作性能和动作循环

立置动力滑台所加工的孔，表面质量和尺寸精度要求较高，换向精度要求也较高，故在滑台行程终点加死挡块停留。为了满足扩锥孔的进给量要求而设置第Ⅱ次慢速工进。其动作循环为快进、第Ⅰ工进、第Ⅱ工进、死挡块停留、快退至原位停止。

卧置动力滑台的动作循环为快进、工进、停留、快退至原位停止。

（2）运动动力参数（见下表）

立置滑台宽320 mm，采用平导轨；卧置滑台宽200 mm，采用平面和V形（$\alpha=90°$）导轨组合方式，静摩擦因数$f_s=0.2$，动摩擦因数$f_d=0.1$。

滑台名称	切削力 R（kgf）		移动件重 G（kgf）	速度 v（m/min）			行程 S（mm）				启动、制动时间 Δt（s）
	Ⅰ工进	Ⅱ工进		快速	Ⅰ工进	Ⅱ工进	快进	Ⅰ工进	Ⅱ工进	快退	
立置滑台	1 200	744	2 500	4.5	0.045	0.028	207	35	8	250	0.2
卧置滑台	250		320	6	0.025		162	40		202	0.1